Henri Blerzy

Le Chauffage et la Ventilation

Étude

 Le code de la propriété intellectuelle du 1er juillet 1992 interdit en effet expressément la photocopie à usage collectif sans autorisation des ayants droit. Or, cette pratique s'est généralisée dans les établissements d'enseignement supérieur, provoquant une baisse brutale des achats de livres et de revues, au point que la possibilité même pour les auteurs de créer des œuvres nouvelles et de les faire éditer correctement est aujourd'hui menacée. En application de la loi du 11 mars 1957, il est interdit de reproduire intégralement ou partiellement le présent ouvrage, sur quelque support que ce soit, sans autorisation de l'Éditeur ou du Centre Français d'Exploitation du Droit de Copie , 20, rue Grands Augustins, 75006 Paris.

ISBN : 978-1976540950

10 9 8 7 6 5 4 3 2 1

Henri Blerzy

Le Chauffage et la Ventilation

Étude

Table de Matières

Le Chauffage et la Ventilation   6

Le Chauffage et la Ventilation

Quiconque vit au bord de la mer éprouve au souffle de la brise marine un sentiment de bien-être indéfinissable. Il en est de même lorsqu'au sommet d'une montagne on aspire à pleins poumons l'air pur des hauteurs, que les chimistes reconnaissent dépourvu des infiniment petits débris organiques, des germes de putréfaction et d'empoisonnement qui flottent dans les couches inférieures. L'impression bienfaisante que le corps humain reçoit dans une atmosphère salubre est portée au plus haut point, si la température est clémente, ni chaude ni froide. L'homme se sent vivre alors plus abondamment. Les êtres souffrants et débiles éprouvent dans ces conditions un soulagement passager, comme si un sang nouveau était infusé dans leurs veines. Que l'on se transporte de là dans l'un des logements sombres et malsains d'une grande ville où l'air est fétide et suffit à peine à la respiration, on appréciera quelle influence le milieu ambiant exerce sur la santé, et l'on comprendra la juste importance qu'il convient d'attacher à la salubrité des habitations. Chauffer et ventiler en hiver, ventiler et rafraîchir en été, ce sont là les deux opérations qui contribuent le plus à les assainir. Elles sont d'une égale nécessité, et ne vont guère l'une sans l'autre, bien qu'au premier coup d'œil on n'en distingue peut-être pas l'intime connexité.

Les questions de la ventilation et du chauffage paraissent très simples et même tant soit peu rebattues. Ce n'est cependant qu'en ces derniers temps que les architectes leur ont accordé l'attention qu'elles méritent dans la construction des habitations particulières et surtout des édifices publics. Comme tout ce qui tient au bien-être et au comfortable, il y a cinquante ans à peine que ces questions sont étudiées. Il n'importe guère à ceux qui vivent à la campagne, la moitié du temps en plein air, de trouver en rentrant chez eux quelques degrés de plus ou de moins au thermomètre ; mais ceux qui mènent une vie sédentaire veulent être abrités au logis contre la rigueur du froid. L'air empesté des réunions nombreuses a paru plus désagréable à mesure que l'on apprenait qu'il était plus malfaisant. Les médecins ont réclamé pour leurs malades une atmosphère pure, après avoir reconnu que les déplorables épidémies qui déciment la population des hôpitaux n'ont le plus souvent d'autre cause que les miasmes délétères qui se transmettent d'un malade à l'autre. Les philanthropes ont plaidé la cause des prisonniers, assez punis déjà par la privation de leur liberté, sans qu'on les condamne encore à vivre en un milieu pestilentiel. Après avoir commencé par améliorer le chauffage des appartements privés, ce qui était facile, les architectes et les ingénieurs ont combiné d'immenses appareils qui chauffent et ventilent à la fois les grands établissements, tels que les hôpitaux, les théâtres, les tribunaux, les prisons, en un mot tous les lieux où les hommes se réunissent en grand nombre.

Il faut dire d'abord pourquoi le chauffage et la ventilation marchent de pair, si bien que l'une est le plus souvent la conséquence de l'autre. L'atmosphère au sein de laquelle nous vivons est, on lésait, un fluide d'une mobilité merveilleuse, que la moindre pression suffit à, mettre en mouvement. Cet air passe par les plus petits interstices, entre dans nos appartements ou en sort avec une égale facilité. De toutes les causes qui tendent à le déplacer, la plus puissante est la variation de la température ; en s'échauffant, l'air devient plus léger et acquiert un mouvement de bas en haut ; en se refroidissant, il devient plus lourd et commence à descendre. Si donc un foyer de chaleur, tel qu'une lampe ou un brasier de charbon allumé, se trouve au milieu d'une pièce, l'air forme une colonne ascendante au-dessus de ce foyer, va frapper le plafond, glisse à la surface et redescend contre les parois de la pièce en se refroidissant à ce contact, pour revenir enfin prendre sa place au-dessous de la source de chaleur. Si nul obstacle ne s'oppose à ce mouvement, voilà tout l'air d'une chambre mis en branle par l'action d'un seul foyer de chaleur. Les physiciens vérifient ce phénomène au moyen de petits ballons pleins de gaz et alourdis juste au point de se tenir en équilibre dans l'air d'une pièce close. Renfermés dans une chambre au centre de laquelle est un poêler ces ballons obéissent à tous les souffles. On les voit s'élever au-dessus du poêle, suivre les murs et revenir à leur point de départ. Dans cette expérience, le circuit se ferme sur lui-même ; il n'y a que déplacement. Lorsque le foyer de chaleur est une cheminée, le résultat est tout autre parce que le fluide ; en mouvement vient s'engouffrer dans le tuyau de fumée et s'échappe au dehors ; mais cette évacuation est compensée par une introduction d'air frais qui s'insinue par les fissures des portes et des fenêtres. Cette fois il y a réellement ventilation, et même en général ventilation très active, puisque l'on estime qu'une cheminée de dimension ordinaire, modérément chauffée, enlève de 1,000 à 1,200 mètres cubes d'air par heure. En réalité, le renouvellement est trop rapide, ce qui contribue à refroidir l'appartement, et il n'est pas efficace à proportion, parce que des courants directs s'établissent entre les ouvertures et la cheminée, en laissant sur leur passage une impression de froid, tandis que certaines parties de la chambre conservent à l'état stagnant les émanations des personnes qui y séjournent.

Il n'était peut-être pas inutile de rappeler ces principes élémentaires, qui sont l'origine de tout système de ventilation. A moins que la vitesse de l'air ne soit bien considérable, on ne s'aperçoit guère qu'il est agité, ce fluide qui nous enveloppe de toutes parts étant invisible ; mais si l'on se souvient que l'air est infiniment plus mobile que l'eau, et que d'autre part on fasse attention aux remous, aux tourbillons, aux girations que produit une rivière quand quelque obstacle, tel qu'une écluse ou un pont, en entrave le libre cours, on aura une idée affaiblie de l'agitation qu'éprouvent autour de nous les flots inaperçus de l'atmosphère. Ce que l'on considère moins encore dans les usages ordinaires de la vie, c'est la prodigieuse quantité d'air pur qu'un seul individu transforme en gaz délétère. L'homme vicie l'atmosphère par la respiration pulmonaire et par la transpiration cutanée, et en outre par des émanations méphitiques, insensibles le plus souvent chez une personne isolée, mais très perceptibles dans les assemblées. L'acide carbonique et la vapeur d'eau, résidus de l'action vitale, ainsi que les matières organiques que ces gaz entraînent avec eux, corrompent l'air intérieur des appartements. Les appareils d'éclairage produisent le même effet : la flamme d'une bougie dégage autant d'acide carbonique qu'une personne adulte. L'expérience a prouvé au surplus que l'aération, pour être bonne, doit être surabondante. Dans les premiers temps que l'on construisait des appareils de ventilation artificielle, on estimait qu'une pièce était saine lorsqu'elle fournissait 10 mètres cubes d'air pur par heure à chacune des personnes qui l'habitaient. Plus tard les hygiénistes exigèrent 20 mètres cubes par heure pour les hôpitaux. Aujourd'hui ce chiffre est bien dépassé. D'après les expériences les plus récentes, il faut de 40 à 50 mètres cubes d'air pur pour un individu adulte en l'état de santé, 60 ou 80 pour les malades et les ouvriers des ateliers insalubres, 100 et même 150 pour les salles d'hôpitaux en temps d'épidémie. Il est nécessaire d'ajouter à ces chiffres 6 mètres cubes pour une bougie et 20 ou 25 mètres pour chacune des lampes allumées dans l'endroit que l'on habite. Ce n'est qu'à la condition de renouveler et d'agiter sans cesse l'atmosphère que l'on corrige toute odeur désagréable et tout genre d'infection dans les lieux habités. Il n'est pas difficile de s'assurer, par un calcul bien simple, que nos logis sont toujours si exigus qu'une seule personne ne pourrait y rester renfermée sans inconvénient pendant plusieurs heures consécutives, si les ouvertures en étaient hermétiquement closes, circonstance qui du reste ne se réalise jamais.

On vient de voir quelle énorme quantité d'air il faut mettre en mouvement pour ventiler une habitation d'une façon convenable. Il serait assez embarrassant d'évaluer avec la même précision la température à laquelle il est utile d'élever l'air intérieur de nos appartements. Cela dépend surtout du tempérament des individus. On est à peu près unanime à reconnaître que l'homme qui ne se livre pas à un travail manuel éprouve l'impression du froid au-dessous de 15 degrés du thermomètre centigrade. Au reste, l'impression que la chaleur artificielle produit sur le corps humain dépend surtout du mode de chauffage. Devant une cheminée qui détermine, un appel d'air abondant, on supporte, sans en éprouver d'incommodité, une température plus élevée qu'au voisinage d'un foyer, tel qu'un poêle, dont la puissance d'aérage est très limitée. Il a été reconnu que dans une enceinte bien ventilée, — certains théâtres sont dans ce cas, — une température de 22 à 23 degrés n'est pas incommode ni nuisible à, la santé.

Or à Paris et dans toute la zone environnante il y a sept mois de l'année où.la température du dehors est inférieure à 15 degrés, et pendant lesquels il est par conséquent nécessaire de recourir à un chauffage factice. Le thermomètre marque en moyenne 6°, 4 durant ces sept mois ; il n'est pas rare qu'il descende au-dessous de zéro. Ceci donne la mesure de l'excédent de chaleur qu'il est indispensable de demander à un combustible quelconque. Les pièces que nous habitons se refroidissent par les parois des murs que la chaleur traverse, avec lenteur il est vrai, mais d'une façon permanente, par les vitres des fenêtres, qui produisent un effet bien plus sensible que les parois, par les mille petits orifices qu'il est impossible de fermer exactement, par l'ouverture des portes. Maintenir une température agréable à l'intérieur en dépit du froid qui sévit au dehors, assurer en même temps un renouvellement d'air favorable à la santé, tel est le problème qui se pose chaque hiver et que chacun résout chez soi plus ou moins heureusement.

Les peuplades sauvages qui occupent les régions froides de notre planète ne connaissent pas d'autre méthode de chauffage que d'allumer au milieu de leurs huttes un grand feu dont la fumée s'échappe par un orifice ménagé dans la toiture. Ce fut aussi, dit-on, le système des Romains, qui habitaient d'ailleurs un climat tempéré, où réchauffement artificiel des demeures est rarement nécessaire. Les maisons d'Herculanum et de Pompéi ne recèlent aucune trace de cheminée. Il est probable que les personnes riches faisaient alors usage de brasiers, c'est-à-dire de vases métalliques très larges dans lesquels on brûle à découvert un combustible, tel que le charbon de bois, qui ne donne pas de fumée ; mais, comme les produits de la combustion se dégagent alors dans l'appartement et deviendraient dangereux pour la santé, ce procédé ne convient que dans des pièces vastes, élevées et parfaitement aérées. En conduisant le feu avec lenteur et en ayant soin de renouveler le combustible par dessous, il est possible d'éviter la formation de l'oxyde de carbone, gaz délétère dont une minime fraction suffit pour empoisonner. Les brasiers sont encore usités en Espagne et dans certaines provinces de l'Amérique du Sud. Les Arabes sous la tente n'ont pas d'autre moyen de combattre le froid, souvent rigoureux dans leurs montagnes.

Les architectes romains avaient encore imaginé d'échauffer les palais par des fours placés au-dessous du rez-de-chaussée, et dont la chaleur se propageait dans la masse des bâtiments. Ensuite on s'avisa de pratiquer des tuyaux dans les murs, afin de porter aux étages supérieurs la chaleur de ces fours. Ce fut là sans doute l'origine des tuyaux de fumée. Plusieurs siècles s'écoulèrent encore avant qu'il fût question de cheminées, car le premier document écrit où cette invention soit mentionnée est une inscription découverte à Venise, et qui constate qu'en 1367 un tremblement de terre renversa un fort grand nombre de cheminées. Toutefois le mot se trouve en quelques écrits du XIIIe siècle. Il n'est pas inutile d'observer que les premiers ramoneurs qui parurent en France étaient originaires de la Savoie, et que les Piémontais ont conservé jusqu'à ce jour comme une sorte de monopole l'exercice du métier de fumiste, ce qui semblerait indiquer que les cheminées ont été inventées dans ces pays de montagnes, où les hivers sont plus rudes que dans les plaines de l'Italie. Autrefois dans les villes, et même encore aujourd'hui dans les campagnes, les foyers étaient d'une largeur et d'une hauteur excessives, ce qui avait pour principal inconvénient d'activer la ventilation outre-mesure. Rumford imagina d'en perfectionner la construction en réduisant les dimensions au strict nécessaire. Franklin sut indiquer avec beaucoup de sagacité les causes qui font fumer les cheminées et les moyens de remédier à ce défaut. Les savants illustres n'ont donc pas dédaigné le sujet qui nous occupe ici, et y ont introduit par leurs études des améliorations considérables. Un peu plus tard, Lhomond inventa le tablier mobile qui permet de clore en partie l'orifice de la cheminée ; mais le perfectionnement le plus notable fut l'introduction en arrière du foyer de tuyaux métalliques qui prennent l'air froid à l'extérieur, et le versent dans l'appartement après l'avoir échauffé à la chaleur perdue du combustible. A la ventilation irrégulière qui d'habitude se fait, non sans inconvénients, par les fissures des portes et des fenêtres, se substitue, grâce à ce système, un courant d'air tiède qui purifie l'atmosphère de la pièce tout en contribuant à élever la température. Bien d'autres perfectionnements sont présentés de temps à autre par des inventeurs qui prétendent arriver à des résultats merveilleux. Le sujet est épuisé depuis longtemps. Les inventions récentes ne sont en général que de vieilles idées accommodées au goût du jour. Quelque disposition qu'on lui donne, la cheminée reste un appareil d'une inefficacité notoire. Sous la forme la plus parfaite, elle ne rend en effet utile que 6 ou 12 pour 100 de la chaleur produite par la combustion. Il n'est guère dans l'industrie de machine si médiocre.

Aussi est-ce une idée généralement admise que l'on ne se chauffe bien qu'avec des poêles ; mais les poêles, soit en faïence, soit en métal, ont l'inconvénient sérieux de ne pas produire une ventilation suffisante. Chaque kilogramme de bois qui brûle dans une cheminée, même d'une ouverture très restreinte, fait passer dans le tuyau 100 mètres cubes d'air pour le moins et cette grande masse enlevée à l'appartement est remplacée par de l'air pur venant du dehors. Avec un poêle, le volume d'air se réduit plus ou moins strictement à ce qui est indispensable pour la combustion, c'est-à-dire 6 ou 8 mètres cubes environ. Si l'on veut bien rapprocher ces chiffres de ceux qui ont été assignés plus haut à la ventilation normale, on constatera sans peine que, dans une pièce chauffée par un poêle, l'air est loin d'être renouvelé aussi fréquemment que l'hygiène l'exigerait. Ces appareils ont encore le défaut de dessécher l'atmosphère, parce qu'ils produisent en général beaucoup de chaleur, et que l'air en s'échauffant devient susceptible d'absorber une plus grande quantité de vapeur d'eau. Quoique renfermant tout autant d'humidité, il paraît en réalité plus sec. On remédie à ce défaut en disposant auprès du foyer un vase d'eau qui fournit une ample évaporation. Les hygiénistes ont cru reconnaître aussi que les poêles, en métal exercent une action nuisible à la santé lorsqu'ils sont portés au rouge, ce qui arrive fréquemment pour peu que le feu soit actif. L'air contient des corpuscules microscopiques, comme on peut le vérifier en regardant un rayon de soleil ; ces corpuscules, qui sont d'origine organique, se brûlent au contact des surfaces rouges en donnant naissance à une odeur caractéristique. On a même pensé que la fonte échauffée (c'est le métal le plus employé dans les appareils de chauffage) dégage une partie du carbone qu'elle contient, d'où il résulte une minime quantité d'oxyde de carbone bien suffisante pour rendre l'air malsain.

On a fait disparaître en partie ces inconvénients par une amélioration analogue à celle qui fut introduite dans la construction des cheminées. Un tuyau dont l'orifice est au dehors aspire l'air extérieur, l'échauffé en le faisant circuler autour du foyer, et le verse dans la pièce à une température convenable. Le poêle prend alors le nom de calorifère ; mais, pour que le système soit efficace, il est indispensable que rien ne gêne la circulation, que l'air pur soit appelé par des orifices de largeur convenable, et que l'air vicié ait une issue. Ces conditions sont rarement réunies à un degré suffisant dans les appareils d'usage habituel. Comme type du chauffage salubre, on peut citer l'association d'un calorifère et d'une cheminée dans la même pièce. Le premier donne la chaleur, et la seconde effectue la ventilation. La combinaison n'est pas économique peut-être, mais l'on doit se rappeler que la ventilation mérite d'être payée, car elle est l'un des éléments importants de la salubrité. Il est incontestable que les poêles, tels qu'ils sont, rendent encore d'immenses services, surtout dans les pays du nord, où la température de l'hiver est très rigoureuse. Ce sont en ces contrées de véritables édifices en brique, recouverts de faïence. On y allume du feu le matin pendant deux ou trois heures, puis on en ferme avec soin toutes les issues. Cette grande masse se refroidit lentement et maintient une température de 16 à 17 degrés à l'intérieur des maisons pendant les vingt-quatre heures, lors même que le thermomètre descend au dehors à 15 ou 20 degrés au-dessous de zéro.

En somme, tant qu'il ne s'agit que des habitations particulières, la question du chauffage est aisément résolue par des moyens usuels, et le problème de la ventilation n'a qu'une importance secondaire, car nos appartements, même les plus exigus, laissent à chaque individu un cube d'air considérable. Chacun est maître de prendre chez soi, sans grande dépense, la quantité d'air et le degré de chaleur qui conviennent à son tempérament. Il n'en est plus de même lorsque l'architecte s'occupe de chauffer et d'aérer les vastes salles de réunion que la foule encombre. Remplacer par de l'air pur l'atmosphère lourde et épaisse de ces enceintes, faire disparaître les odeurs méphitiques qu'engendre une nombreuse agglomération de personnes, échauffer en hiver, rafraîchir en été, ce sont des problèmes difficiles qui constituent aujourd'hui une science trop peu connue. Les besoins auxquels il faut donner satisfaction sont au surplus si variés que la même solution ne saurait être appliquée partout. Tantôt en effet il s'agit d'un hôpital, où la ventilation doit être surabondante et la température uniforme en toute, saison ; tantôt c'est une prison cellulaire, où le renouvellement de l'air est chose importante, un théâtre ou une salle de concerts qu'il est indispensable d'échauffer pendant deux ou trois heures seulement avant l'arrivée du public, et qu'il faut au contraire ventiler à profusion, souvent même rafraîchir lorsque l'assistance est nombreuse, ou bien encore une gare de chemin de fer dont certaines parties, les salles d'attente, n'exigent qu'une température de 10 à 12 degrés, tandis qu'en d'autres pièces, les bureaux par exemple, le thermomètre ne doit pas descendre au-dessous de 17 ou 18 degrés.

Toutes ces difficultés ont été vaincues. Les appareils destinés aux établissements publics ont cela de particulier que l'on en ressent les effets sans presque rien voir de ce qui les constitue. Ce qu'il y a d'apparent ne consiste qu'en des bouches de chaleur, des plaques en fonte percées de trous au niveau du sol, ou, comme cela se voit surtout dans les gares de chemin de fer, de grandes caisses à jour à l'intérieur desquelles se tordent d'énormes tuyaux. Les organes essentiels du système, relégués dans une cave, sont comme une petite usine qui fabrique l'air chaud et le distribue à toutes les parties de l'édifice à proportion des besoins de chaque étage. Les appareils que l'on emploie le plus souvent appartiennent à trois types différents : d'abord ceux à air chaud, qui ne se distinguent en rien, si ce n'est par les dimensions, des calorifères propres à l'usage des habitations particulières, puis les appareils à circulation d'eau chaude, en grande faveur depuis quelques années. Ceux-ci se composent d'une chaudière d'où partent d'innombrables petits tuyaux ; par les uns, l'eau s'en va bouillante, et par les autres elle revient refroidie, ayant abandonné sa chaleur en route dans les pièces qu'elle a traversées. On comparerait volontiers ce système à la circulation du sang dans le corps humain : la chaudière est le cœur, les tuyaux de départ jouent le rôle des artères, et ceux de retour fonctionnent comme les veines. Enfin les appareils à circulation de vapeur, qui constituent un troisième type, ont même disposition que les précédents, à cela près que c'est de la vapeur et non de l'eau qui circule à l'intérieur. Quant à la ventilation, on a fini par reconnaître que les moyens d'y pourvoir doivent être indépendants des appareils qui produisent le chauffage. Dans les maisons de capacité moyenne, où l'on est logé à l'aise, l'ouverture des portes et des fenêtres en été, un système rationnel de chauffage en hiver, suffisent à ventiler d'une façon efficace. Il n'en est pas de même dans les grands établissements publics, où chaque assistant ne dispose que d'une place étroite ; c'est alors qu'on fait usage d'appareils spéciaux. Parfois le renouvellement de l'air est produit par aspiration, au moyen d'une haute cheminée au bas de laquelle un foyer est allumé ; c'est ce qui existe dans les mines de temps immémorial. Parfois on procède par insufflation, c'est-à-dire au moyen d'une machine soufflante qui refoule l'air dans les pièces qu'il s'agit d'aérer. On peut assimiler la ventilation du premier système à l'effet qu'une pompe aspirante produit dans un réservoir d'eau, et celle du second à l'effet d'une pompe foulante. Dans l'un et l'autre cas, la manœuvre n'est efficace qu'autant que rien ne gêne les mouvements du fluide et qu'en particulier les orifices d'entrée et de sortie ont un diamètre suffisant. La préférence accordée tour à tour à chacun de ces systèmes tient le plus souvent à des circonstances locales, parfois à l'incertitude où sont les constructeurs sur la véritable valeur de chacun d'eux. En réalité, chaque appareil réunit certains avantages et certains défauts qui lui sont propres. Les calorifères à air chaud coûtent moins cher en frais d'établissement et d'entretien ; ils sont également d'une construction moins compliquée. Il en résulte qu'ils sont préférables, s'il s'agit de chauffer et de ventiler un édifice de capacité médiocre ; mais on reproche à ces appareils de fournir de l'air à une température trop élevée, à 60°, 80° et même quelquefois à 100°, ce qui rend le voisinage des bouches de chaleur intolérable. Cet excès de température dans le courant d'air qui arrive n'est pas seulement gênant, il est aussi insalubre. Il paraît certain en effet que l'air fortement échauffé au contact de surfaces métalliques acquiert des propriétés toxiques. Tout le monde sait quelle différence il y a entre le chauffage par des poêles en faïence et le chauffage par des poêles en fonte ou en tôle ; outre ces défauts, auxquels on remédie plus ou moins, les calorifères à air chaud ont un autre inconvénient plus grave au point de Yue industriel : c'est que la chaleur qu'ils fournissent ne peut être transportée à distance. Si les bâtiments que l'on se propose d'échauffer ont une grande étendue, il y faut multiplier le nombre des appareils. Ainsi pour un hôpital de 40 mètres de long, — c'est la longueur de l'un des pavillons de l'hôpital Beaujon, — trois calorifères à air chaud sont nécessaires, tandis qu'un seul appareil à circulation d'eau chaude suffit à chauffer d'immenses édifices.

Le chauffage à la vapeur, en raison des chances d'explosion qu'il fait courir, ne conviendrait guère à une habitation particulière, bien que de jour en jour on se familiarise davantage avec le redoutable engin nécessaire pour le produire. Au contraire dans les ateliers où déjà la vapeur sert à des usages industriels, comme force motrice par exemple, il est tout naturel de l'employer aussi pour le chauffage. La vapeur produite par une chaudière circule sans difficulté dans le réseau de tuyaux qu'on lui présente, et en se condensant en eau par le contact des surfaces froides elle abandonne une quantité de chaleur considérable. Ce système fut fort en vogue il y a trente ans ; il est un peu dédaigné aujourd'hui. On peut citer notamment, parmi les applications qui en ont été faites, le chauffage de la Bourse de Paris, établi en 1828, qui s'opère au moyen de quatre, chaudières placées à l'angle sud-est du soubassement de l'édifice ; les tuyaux et les caisses en fonte à travers lesquels la vapeur circule sont cachés dans le sol, au-dessous de plaques à jour par lesquelles la chaleur se répand dans la grande salle et dans les galeries. Il y a quelques années, un ingénieur voulut appliquer le même système au chauffage des wagons de chemins de fer pendant la marche des trains ; la vapeur était fournie par la locomotive. L'essai n'a pas réussi, paraît-il. Au reste le chauffage par circulation d'eau chaude conviendrait mieux à ce cas spécial.

Vers la fin du siècle dernier, un sieur Bonnemain prit un brevet d'invention pour des appareils de chauffage à l'eau bouillante ; mais, de même que beaucoup d'autres inventions industrielles, celle-ci ne devait pas être mise en pratique avant que les progrès de la physique, en eussent démontré l'efficacité. Ce mode de chauffage est aujourd'hui bien connu, car les réservoirs d'eau chaude dont on se sert pour les voyages et qu'on trouve dans les wagons de chemin de fer en sont une application. Ce qui en fait l'avantage, c'est que l'eau est susceptible d'absorber une grande quantité de chaleur, par conséquent elle ne se refroidit qu'avec lenteur. Pour les serres, par exemple, où l'on ne peut veiller toute la nuit à l'entretien du feu, pour les hôpitaux, où la température doit être maintenue du soir au matin à un degré modéré, et où le chauffage de nuit serait une sujétion pénible et coûteuse, des réservoirs d'eau chaude d'une capacité considérable suffisent à combattre un refroidissement trop sensible dans la saison la plus rigoureuse. Il faut remarquer encore que c'est un chauffage doux, tempéré et salubre. L'eau qui bout dans une chaudière ouverte ne dépassant pas la température de 100 degrés, les tuyaux dans lesquels elle circule ne donnent plus que 50 ou 60 degrés à une certaine distance du foyer. Il n'y a pas sur leur parcours de surface métallique chauffée au rouge ni de courants d'air brûlants, ce qui est un grave inconvénient des appareils à air chaud. Par compensation, on peut reprocher à ce système d'exiger un long réseau de tuyaux de conduite qu'il est difficile déloger dans les murs et les planchers de l'édifice, à moins que l'architecte n'en ait ménagé la place au moment de la construction. Il y a encore à craindre qu'il ne se produise des fissures par où l'eau chaude inonderait les maisons. Après tout, ces défauts ne sont pas sans remède. Les nombreuses applications que le chauffage à l'eau chaude a reçues depuis quelques années prouvent jusqu'à l'évidence que le système est bon. Quand on voit d'immenses bâtiments, tels que ceux de la prison Mazas, chauffés par un seul foyer, on est forcé de convenir que les appareils de ce genre sont bien puissants, et qu'au fond ils simplifient d'une façon incontestable la construction et le service intérieur des vastes établissements.

Voilà les principes essentiels sur lesquels sont basés les grands appareils de chauffage, — et par suite de la corrélation intime qui existe, ainsi qu'on l'a vu, entre le chauffage et la ventilation, ces appareils sont toujours disposés de telle sorte que l'air qu'ils fournissent soit puisé au dehors. Ce sont des courants d'air pur et chaud qu'ils font circuler à l'intérieur des appartements. Il reste maintenant à voir comment ils varient d'un édifice à l'autre, suivant la disposition des lieux et les besoins des personnes qui les habitent.

Les églises contiennent en général une masse d'air si considérable, grâce à l'élévation des voûtes, qu'il est inutile de les ventiler, si ce n'est par certaines journées où l'affluence des fidèles est plus considérable que d'habitude. Encore suffit-il pour ces circonstances exceptionnelles de ménager quelques ouvertures dans les vitraux qui laissent pénétrer la lumière. L'immense capacité des nefs en eût rendu le chauffage très difficile, pour ne pas dire impossible, avant que l'on ne connût les puissants appareils dont il vient d'être question. Il y a en effet bien des causes de refroidissement : d'abord la surface très étendue des fenêtres à travers lesquelles la chaleur se perd, même quand elles sont bien closes, ce qui est au reste très rare, — l'ouverture presque permanente des portes, — les nombreux orifices pratiqués dans les voûtes pour suspendre les lustres et les ornements. Le chauffage y est toutefois d'une grande utilité non-seulement pour le bien-être des assistants, mais aussi pour la conservation des objets d'art que l'humidité détériore. Presque tous les édifices consacrés au culte sont aujourd'hui chauffés à Paris, et il en est de même en beaucoup de villes de province. Le plus souvent le chauffage est opéré au moyen d'un appareil à circulation d'eau chaude. Quelques indications sur le prix de revient ne paraîtront peut-être pas superflues. A l'église de la Madeleine, à Paris, la dépense s'élève à 15 francs par jour, et l'entrepreneur, qui a construit l'appareil s'est engagé moyennant cette somme à maintenir une température de 12 degrés 1/2 dans l'église et de 18 degrés dans quelques pièces souterraines. Au reste il y a ceci de particulier dans ces immenses édifices, que le refroidissement ne s'y opère qu'avec une extrême lenteur. Ainsi dans l'église Saint-Roch, quand les murs ont été amenés à une température convenable par un chauffage prolongé, on peut interrompre la marche de l'appareil pendant cinq ou six jours sans que l'abaissement du thermomètre dépasse 1 degré ; l'ouverture même des portes pendant plusieurs heures consécutives ne produit pas un refroidissement sensible. Ces effets sont dus à l'énorme épaisseur des murailles, qui se transforment en réservoirs de chaleur d'une très grande capacité. Il faut remarquer d'ailleurs que la température intérieure des églises ne doit jamais être bien élevée, surtout durant la saison rigoureuse, parce qu'on y arrive chaudement vêtu et qu'on y fait un séjour peu prolongé. Une chaleur excessive incommoderait les assistants plus qu'elle ne leur serait agréable.

Au contraire, dans les salles d'assemblée où l'on reste assis pendant plusieurs heures, dans les amphithéâtres et surtout dans les chambres législatives, la température doit être assez élevée pour combattre pendant la durée de longues séances la moindre impression de froid, c'est-à-dire que le thermomètre doit marquer au moins 18 degrés. Il est encore plus nécessaire qu'une ventilation abondante renouvelle incessamment l'air vicié par la respiration. Il est même utile qu'en été l'air qui y est introduit soit rafraîchi, si faire se peut, au-dessous de la température extérieure. Ce triple problème est bien difficile à résoudre, paraît-il, car on ne saurait citer une grande salle d'assemblée législative où la solution en soit tout à fait satisfaisante. Au palais du sénat, par exemple, les orifices d'accès par lesquels l'air pur s'introduit sont disposés d'une façon si gênante qu'ils ont dû être presque tous supprimés, si bien qu'il n'y a pour ainsi dire plus de ventilation. L'inconvénient n'est pas bien grave ici, parce que la salle est immense par rapport au nombre des membres de l'assemblée ; il le serait, si l'assistance était considérable. La disposition la plus heureuse est, dit-on, celle qui a été établie, au prix de dépenses excessives, à la chambre des communes d'Angleterre, où le nombre des personnes présentes s'élève quelquefois à 800. L'édifice, qui mesure 22 mètres de long sur 14 de large, est divisé sur la hauteur en deux parties par un plancher en fonte à claire-voie. L'étage supérieur est la salle des séances. L'étage du dessous contient une véritable fabrique d'air respirable. En été, on fait passer l'air à travers un rideau de pluie artificielle qui le rafraîchit. En hiver, de puissants calorifères lui donnent une température convenable, puis il s'élève et arrive clans la salle par les orifices du plafond, que recouvre un tapis. Chaque maille du tissu laisse passer un petit filet d'air pur, et l'on a évité ainsi les courants trop énergiques qui, trop chauds ou trop frais, incommoderaient les personnes placées près des orifices. Néanmoins ce mode d'introduction a produit un autre inconvénient ; on se plaint que ces petits courants soulèvent un nuage très sensible de poussière, surtout lorsque l'on marche. Au sommet de la salle, de nombreux becs de gaz déterminent un courant d'évacuation pour l'air vicié ; ces becs de gaz sont toujours allumés, car les séances ont lieu la nuit, comme on sait. De plus une haute cheminée où l'on entretient un foyer auxiliaire active l'appel et contribue à débarrasser la salle de tous les gaz méphitiques qui résultent d'une si nombreuse réunion. Le système est simple, on le voit, et complet : s'il n'est pas irréprochable, au moins donne-t-il des résultats satisfaisants ; mais des salles de réunion d'une destination plus modeste ne sauraient être aérées au prix de dispositions si coûteuses.

Les palais de justice présentent dans les diverses parties dont ils se composent des difficultés de plus d'un genre. D'une part on y rencontre de vastes salles des pas perdus qui se ventilent toutes seules, mais qu'on ne réussit pas toujours à échauffer au degré voulu. Auprès de ces immenses galeries se trouvent des chambres de capacité moyenne où la foule se coudoie, en sorte que le chauffage s'y effectue sans peine, tandis que la ventilation y doit être d'une activité extrême. Les appareils connus ne sont peut-être pas assez puissants pour purifier de tels lieux de réunion ; du moins on s'aperçoit trop souvent que les effets qu'ils produisent ne sont pas proportionnés au mal qu'ils sont destinés à combattre.

Pendant longtemps, on ne s'est préoccupé en aucune façon de la salubrité des prisons. Au dire de certaines personnes, la mauvaise nourriture, le manque d'air respirable, l'odeur infecte des lieux de détention, étaient une juste aggravation de la peine que le condamné devait subir. N'est-ce pas un contre-sens, disait-on, de placer les hommes que la loi frappe d'un châtiment en de meilleures conditions sanitaires que l'ouvrier honnête dans sa mansarde ou dans son atelier ? Ces préjugés barbares ont fait place à des idées plus humaines : la privation de la liberté et la sévérité de la discipline, telles sont aujourd'hui les bases de la répression. Hors de là, tout ce qui contribue à améliorer l'état sanitaire d'une prison est considéré comme un devoir social. La ventilation et le chauffage sont dans ce cas. Il n'y a peut-être pas beaucoup d'intérêt à s'en occuper dans les maisons de détention où les prisonniers vivent et travaillent dans de grandes salles communes. C'est au contraire une question vitale dans les prisons cellulaires, où chaque détenu est réduit à l'espace le plus strictement nécessaire. Aussi, avant même que la construction de la prison Mazas ne fût terminée, on étudiait les moyens de renouveler l'air dans les cellules qui la composent. Une commission de savants et d'architectes qui avait été chargée d'examiner les projets proposés par divers inventeurs fit à cette occasion de curieuses expériences. L'un de ses membres, M. Leblanc, chimiste distingué, se laissa renfermer, pour y faire des essais sur sa propre personne, dans une cellule de la Conciergerie dont la porte et les fenêtres avaient été calfeutrées avec soin. L'air pur y arrivait d'un côté par un orifice dont l'ouverture pouvait varier, et l'air vicié était appelé au dehors d'un autre côté. Pour que l'expérience fût complète, on avait disposé dans un coin de la chambre le siège d'aisance dont les cellules de la prison Mazas devaient être pourvues. Il fut alors constaté qu'avec 6 mètres d'air pur par heure l'atmosphère de la cellule devenait bientôt infecte ; avec un renouvellement de 10 mètres cubes, l'air ne manifestait au contraire aucune odeur désagréable, et l'observateur, après une détention prolongée, n'y éprouvait ni gêne ni dégoût. On s'assura même par une analyse chimique que les quantités d'acide carbonique et de vapeur d'eau contenues dans l'enceinte ne s'éloignaient pas des proportions habituelles. La commission se crut donc autorisée à conclure qu'il suffirait de donner aux détenus un volume d'air de 10 mètres cubes par heure ; mais ce chiffre fut plus que doublé par la suite, car on reconnut que certaines organisations maladives ne sauraient se contenter du volume d'air qui suffit à l'individu en bonne santé. Dans l'état actuel, chacune dès 1,200 cellules de la prison Mazas reçoit 25 mètres cubes d'air frais par heure. L'air de ventilation est chauffé en hiver au contact de tuyaux à eau chaude, si bien que la température de jour n'est jamais inférieure à 15 degrés centigrades. L'air expulsé descend par les tuyaux qui servent à l'écoulement des déjections. Toute cette installation est l'œuvre d'un constructeur habile, M. Grouvelle. Non-seulement l'atmosphère est toujours pure et saine, mais de plus le courant est assez énergique pour s'opposer aux émanations du tuyau de descente. Lorsqu'on passe auprès de ces immenses et sombres bâtiments, on se doute peu que la haute cheminée placée au centre déverse par vingt-quatre heures plus de 700,000 mètres cubes d'air infect et corrompu, nuage invisible qui suffirait à rendre insalubre tout un quartier de Paris. Les vents se chargent de dissiper bien vite cette nuée pestilentielle. Les habitants des grandes villes ne devraient jamais se plaindre du vent, ni souhaiter une atmosphère tranquille, car le vent les débarrasse de miasmes redoutables, germe et cause de la plupart des épidémies.

Si l'hygiène trouve un secours efficace dans l'action des ventilateurs artificiels, c'est surtout à l'intérieur des hôpitaux qu'il est utile de mettre en pratique l'usage de ces utiles appareils. L'atmosphère d'un hôpital doit être aussi pure que possible, le principe est évident ; mais les avis paraissent partagés quant aux moyens d'assurer à ces établissements un aérage convenable. On crut un moment que les malades pourraient être entassés impunément dans une salle, pourvu qu'un large cube d'air fût fourni à chaque lit. Sans même pousser trop loin l'application de ce raisonnement, on se laissait entraîner à subordonner les conditions hygiéniques aux facilités de la surveillance et du service intérieur. Les maîtres de la science médicale ont été d'accord pour reconnaître que la ventilation artificielle ne saurait suppléer au défaut d'aération naturelle. Les hôpitaux modernes, malgré leur belle apparence et le luxe d'appareils perfectionnés qui y rendent la circulation de l'air plus active, ont donné une mortalité plus considérable, surtout pour les opérations graves, que des établissements plus anciens et moins bien pourvus d'appareils ingénieux. Il est évident d'abord que la pureté de l'atmosphère extérieure, réservoir commun où puisent toutes les parties de l'édifice, est la condition première d'une bonne hygiène ; mais, cette considération écartée, il a encore été donné pour certain que la ventilation artificielle n'a qu'une influence secondaire sur la salubrité d'un hôpital. Disséminer les malades en plusieurs pièces de dimension moyenne plutôt que de les réunir dans une grande salle, classer les individus d'après la nature de leurs maladies, isoler ceux qui sont atteints d'affections contagieuses, prodiguer à tous l'air pur par l'ouverture des fenêtres en temps opportun et donner à chaque lit un large espace superficiel, voilà les prescriptions nouvelles des médecins les plus autorisés. Rien ne supplée à l'insuffisance ou au défaut de l'aération naturelle, tel est le dernier mot des hygiénistes.

Hâtons-nous de dire que cette conclusion trop sévère ne paraît être que le résultat d'un malentendu. Les hôpitaux où les appareils de ventilation artificielle se sont montrés impuissants à combattre les affections épidémiques étaient-ils ventilés avec l'activité voulue ? Là est toute la question. Grâce à un petit instrument dont tout le monde sait lire les indications, grâce au thermomètre, chacun peut vérifier à tout instant et avec une exactitude convenable quelle est la température d'une salle. Qui dira au contraire ce qu'il y entre d'air pur et ce qu'il en sort d'air vicié ? L'instrument qui donnerait à ce sujet des indications précises, c'est l'anémomètre ; mais la construction en est compliquée et l'observation n'en est pas facile, si bien que l'on se contente le plus souvent de vérifier, la marche des appareils de ventilation quelques jours après qu'ils sont établis, et on les abandonne ensuite aux soins d'un manœuvre. M. le général Morin, par des expériences récentes qu'il vient de communiquer à l'Institut, a prouvé que les appareils installés dans les hôpitaux de Paris ne marchent pas avec la régularité qu'on en pourrait exiger, faute de moyen de contrôle. Ce savant a fait voir que des salles de malades auxquelles on avait prétendu distribuer 60 mètres cubes d'air pur par heure et par lit n'en recevaient pas en réalité la moitié à certains instants du jour. Il est permis de croire que de nouvelles études amèneront, avant qu'il soit longtemps, d'importantes améliorations dans cette branche du service hospitalier. Il est sage d'en attendre les résultats avant de se prononcer sur les effets que la ventilation artificielle exerce sur le traitement des malades.

Quoique dédaignés un moment par les hommes qui ont le plus d'autorité en matière d'hygiène, les procédés de ventilation artificielle ne sont pas cependant exclus des hôpitaux, mais ils y ont été ramenés à un rôle plus modeste et encore utile. Ils sont un auxiliaire indispensable pendant la nuit et pendant la saison rigoureuse, alors que l'ouverture permanente des fenêtres serait un danger pour les malades. Ils se combinent d'ailleurs avec les appareils de chauffage pour en accroître l'efficacité. En France, il n'y a pas plus de vingt ans que l'on a commencé à ventiler et chauffer d'une façon régulière les grands hôpitaux. Les administrations hospitalières se préoccupaient depuis longtemps des moyens de renouveler, dans les salles de malades, l'air incessamment vicié par les émanations insalubres. Un constructeur démérite, M. Léon Duvoir-Leblanc, mettant à profit les essais qui avaient été tentés à la Bourse et au conseil d'état, entreprit en 1846 d'assainir l'un des pavillons de l'hôpital Beaujon par un système de chauffage à circulation d'eau chaude. Le succès ne fut pas complet, et cependant les médecins chargés du service constatèrent une amélioration, réelle dans la salubrité de ce pavillon. Un peu plus tard, l'hôpital Necker fut doté des mêmes appareils. La création du vaste hôpital Lariboisière était une importante occasion de procéder à des essais plus étendus ; mais, pour rendre l'expérience plus concluante, la question fut mise au concours. Les idées étaient alors si peu fixées sur les exigences de l'hygiène en fait de ventilation que le programme imposait aux concurrents la condition de fournir seulement 20 mètres cubes d'air frais par heure et par lit. Une quantité trois fois plus considérable paraît à peine suffisante aujourd'hui. Deux systèmes différents furent admis pour l'hôpital Lariboisière, de façon que l'on put en comparer la valeur respective dans des conditions à peu près identiques. Trois des pavillons qui renferment les salles de malades furent chauffés et ventilés par l'eau chaude au moyen d'appareils construits par M. Léon Duvoir-Leblanc. Les trois autres pavillons furent chauffés à la vapeur, et le renouvellement de l'air y fut opéré au moyen de machines soufflantes inventées par MM. Thomas et Laurens. La juxtaposition des deux systèmes dans un même établissement n'a pas, comme on l'espérait, donné des résultats concluants sur l'efficacité relative de chacun d'eux. Les calorifères à circulation d'eau chaude paraissent être ceux qui conviennent le mieux dans un hôpital, car ils donnent une chaleur douce, permanente, et la température n'en varie pas trop facilement, en sorte que le feu peut être interrompu chaque nuit pendant quelques heures sans que la température s'abaisse trop. Cependant des appareils à air chaud ont été installés dans les hôpitaux militaires de Vincennes et du Gros-Caillou, et un système nouveau, dû à un médecin belge, le docteur van Hecke, a été mis à l'essai, sans résultat bien satisfaisant, à l'asile impérial du Vésinet.

Ce n'est pas en France seulement que l'on s'est préoccupé d'améliorer par un chauffage rationnel l'état hygiénique des établissements hospitaliers. A Saint-Pétersbourg, on a construit depuis peu de temps une maison d'accouchement de 130 lits qui est pourvue de calorifères établis d'après les données les plus récentes de la science. La ventilation y est de 50 mètres cubes par heure et par lit, ce qui est peut-être insuffisant. Sous le climat très rigoureux de la Russie, le problème du chauffage présente des difficultés plus sérieuses qu'en France, car l'écart entre la température intérieure des salles et celle, de l'extérieur s'élève parfois à 50° centigrades. Sans admettre que la ventilation artificielle soit, comme on l'a prétendu à tort, un remède d'une efficacité absolue contre l'infection des salles de malades, c'est au moins une cause énergique de salubrité. Il serait impardonnable maintenant à une administration municipale d'édifier un hôpital où le renouvellement et le chauffage de l'air ne seraient pas assurés, d'autant plus que la dépense que cette amélioration occasionne est bien faible, si le gros œuvre du bâtiment est disposé en conséquence. Au dire d'un ingénieur expérimenté en cette matière, M. le général Morin, la dépense d'établissement n'excéderait guère 200 francs par lit ; mais, s'il s'agit de bâtiments déjà construits, les frais d'installation s'élèvent, on le comprend, dans une proportion énorme. C'est ce qui explique les dépenses considérables que l'administration de l'assistance publique a dû faire dans les hôpitaux de Paris pour y introduire ces précieux perfectionnements.

Les Romains, habitués à la vie en plein air que le climat tempéré de leur pays rendait douce et salutaire, n'eurent pas à s'occuper de la ventilation. Leurs théâtres, construits à ciel ouvert, n'étaient fréquentés qu'au milieu du jour, et dans les circonstances exceptionnelles où le grand nombre de spectateurs rendait la température incommode on y remédiait plus ou moins complètement par de fréquents arrosages ou par une légère pluie artificielle. Nos salles de spectacles sont en de tout autres conditions. Hiver comme été, il n'est pas rare qu'un thermomètre placé dans les galeries supérieures y marque 28 ou 30 degrés, parfois même davantage. La chaleur n'y est pas la seule cause de malaise. L'altération de l'air résultant des fonctions vitales de tant d'individus agglomérés, les produits de la combustion que dégagent les appareils d'éclairage, la fumée de la poudre que l'on brûle pendant certains spectacles, bien des causes diverses concourent à vicier l'atmosphère, de manière que les spectateurs éprouvent au bout de quelques heures un vague sentiment de gêne et d'oppression. Un savant dont le nom est attaché à la solution de nombreux problèmes d'hygiène, M. Darcet, avait proposé des dispositions ingénieuses propres à atténuer ces inconvénients. Ayant remarqué que le lustre suspendu au centre de la coupole est un vaste foyer de chaleur, il imagina d'utiliser cette chaleur, jusqu'alors incommode, au profit de la ventilation. Il suffisait de surmonter le lustre d'une large cheminée par où se ferait l'évacuation de l'air vicié ; mais dans les salles où des orifices d'entrée pour l'air pur n'ont pas été ménagés en nombre et avec une surface convenables dans la partie occupée par le public, cet appel ne détermine qu'un courant d'air dirigé de la scène vers la salle lorsque le rideau est levé, et sans profit pour le bien-être des spectateurs, ou bien il en résulte des rentrées d'air gênantes par les portes des loges et des galeries. Darcet fit établir, dans les théâtres qu'il essaya d'assainir, un calorifère à vapeur placé autant que possible dans un bâtiment voisin, afin d'éviter les chances d'incendie ou d'accident. Ce mode de chauffage est peut-être celui qui convient le mieux à un lieu de réunion, car il permet de ne chauffer que durant quelques heures avant l'arrivée du public, et ne retient pas, comme les calorifères à eau chaude, une masse de chaleur qui est perdue à la fin de la représentation. Il faut ensuite conduire l'air chaud dans les vestibules, les escaliers et les couloirs, même à l'intérieur de la salle, par des tuyaux dont les orifices doivent être disposés de façon que le courant qui en sort n'incommode pas les personnes placées dans le voisinage. La disposition la plus heureuse consiste à faire entrer l'air pur par les bancs du parterre, par le fond des loges et surtout par des orifices pratiqués dans le plafond qui sépare chaque étage de loges de l'étage supérieur. Tels sont les principes, très rationnels d'ailleurs, que Darcet avait posés. Par malheur, à l'époque où il traita cette question, le volume d'air nécessaire à une bonne ventilation était évalué à un chiffre beaucoup trop faible. Les orifices et tuyaux d'arrivée de l'air pur avaient des dimensions trop restreintes, et l'appel exercé par le lustre était souvent insuffisant. Lorsqu'il eut appliqué ses théories sur la ventilation aux deux salles du Vaudeville et de l'Opéra, l'effet produit fut insignifiant. On se dit que le système ne valait rien, et l'on s'abstint de le faire fonctionner. La question resta en suspens jusqu'en 1861 ; à cette époque, de nouveaux théâtres d'un aspect monumental ayant été construits à Paris, une commission de savants, de médecins et d'architectes, sous la présidence de M. Dumas, membre de l'Institut, fut chargée d'étudier les moyens d'y assurer une bonne et suffisante ventilation.

Cette commission, convaincue qu'il n'y avait qu'à mettre en pratique les principes posés par Darcet, sauf à en améliorer l'application conformément à l'expérience acquise, dressa un programme pour la construction des appareils de chauffage et de ventilation des nouveaux théâtres. La température intérieure de la salle, des vestibules et des escaliers, de la scène et des foyers ou loges d'artistes, ne devait pas, suivant la commission, descendre en hiver au-dessous de 15 degrés. La ventilation devait s'effectuer à raison de 50 mètres cubes par heure et par spectateur, chiffre un peu faible peut-être au point de vue de l'hygiène, mais qu'il paraissait difficile de dépasser dans la pratique. Le chauffage devait être opéré par un calorifère à air chaud qui seconderait aussi au besoin la ventilation, l'appel exercé par le lustre étant souvent trop faible. Enfin tous les appareils d'éclairage, surmontés autant que possible d'une petite cheminée auxiliaire, devaient concourir à l'évacuation de l'air vicié. Ces améliorations, qu'il eût été facile d'appliquer à des théâtres alors en construction, ne furent pas toutes exécutées ; on reprochait au projet de la commission d'exiger un surcroît de dépenses. Toutefois ce qui en fut adopté produisit des effets salutaires incontestables, et pour l'une de ces salles, celle du Théâtre-Lyrique, des observations thermométriques, continuées avec persévérance pendant un mois d'hiver, firent reconnaître que la température restait toute la soirée entre 20 et 23 degrés à l'orchestre et au balcon, ce qui est une température très convenable lorsque la ventilation ne fait pas défaut, et que chaque spectateur recevait près de 40 mètres cubes d'air par heure. Dans les autres théâtres de Paris, même les plus spacieux, il n'est pas rare que le thermomètre marque 28 ou 29 degrés, tandis que le volume d'air pur introduit est au plus de 10 mètres cubes par spectateur. En comparant ces chiffres avec ceux qui précèdent, on aura la mesure de ce que des appareils perfectionnés peuvent faire pour la salubrité d'une salle de spectacle. Par malheur, les appareils de chauffage et de ventilation coûtent cher en frais de premier établissement ; ils coûtent encore par la consommation insolite de gaz et de charbon qu'ils exigent, et enfin ils demandent l'attention soutenue, non d'un savant, mais d'un praticien qui sache proportionner l'activité des mouvements de l'air à la température extérieure ou intérieure, au nombre des spectateurs, à la durée des représentations. Faute de soins assidus, les appareils deviennent bien vite inutiles. On cesse de les faire fonctionner, et les tuyaux d'arrivée d'air s'obstruent ou restent clos par incurie. Dans les théâtres et dans d'autres salles de réunions nombreuses, il est arrivé plus d'une fois que l'on a perdu par négligence le bénéfice d'appareils établis au prix d'une dépense considérable.

Les procédés appliqués à l'assainissement des églises, des prisons, des hôpitaux et des théâtres s'appliquent tout aussi bien, on le comprend, aux autres lieux d'habitation. Les écoles et les maisons d'éducation en peuvent faire leur profit, Les ingénieurs militaires demandent à l'industrie récente de la ventilation les moyens d'améliorer l'état sanitaire des casernes. Certains ateliers, rendus insalubres par la nature des opérations qui s'y exécutent, deviennent suffisamment sains par l'emploi de ventilateurs mécaniques ; telles sont les affineries d'or et d'argent, les aiguiseries et en général toutes les industries qui se livrent à des opérations chimiques. Une bonne ventilation combinée avec un chauffage rationnel ne serait pas moins utile dans un grand nombre de petits ateliers que dans les usines. C'est ainsi que la plupart des ouvriers en métaux conservent auprès d'eux un brasier de charbon de bois dont les gaz méphitiques pourraient être à peu de frais dirigés vers une cheminée d'appel. Darcet, qui consacra une partie de sa vie à l'amélioration des ateliers insalubres, avait appliqué les mêmes idées à l'assainissement des salles de dissection. Enfin les hommes ne sont pas les seules créatures qui éprouvent le besoin d'une aération énergique. Certains éleveurs pensent que le séjour des animaux de l'espèce bovine dans une étable ventilée d'une façon imparfaite contribue à l'engraissement et à la production du lait ; mais les bêtes de travail ne sont maintenues en état de vigueur et de santé qu'autant que l'air et l'espace leur sont largement octroyés. Un savant vétérinaire, M. Renault, a signalé l'influence fâcheuse que l'exiguïté des écuries exerce sur les chevaux de l'armée, et les inconvénients qu'il a signalés ont été le point de départ de réformes utiles. Plutôt que de suivre jusque dans leurs plus modestes applications les principes de la science moderne du chauffage et de la ventilation, peut-être aimera-t-on mieux connaître ce que les pays étrangers ont accompli dans le même sens. Sur ce sujet, de même qu'en tout ce qui touche au bien-être intérieur, c'est en Angleterre que l'on trouvera les progrès les plus sensibles. Le docteur Reid, auteur d'un traité de ventilation publié en 1844, paraît être l'un des premiers qui se soient occupés des effets si variés de la circulation de l'air. Ce savant, qui professait la chimie à Edimbourg, avait installé dans diverses maisons des systèmes de ventilation par appel, auxquels il attribuait une importance peut-être exagérée. L'un des exemples qu'il en cite est au moins curieux. Il avait appliqué ses idées sur l'assainissement à la salle à manger d'un des clubs d'Edimbourg. Le compte-rendu du premier dîner qui y fut donné mérite bien d'être reproduit. « Pendant tout le temps du repas, dit le docteur, les convives ne firent aucune remarque spéciale ; mais le maître d'hôtel, qui connaissait bien leurs habitudes, fit remarquer aux commissaires que l'on avait consommé trois fois plus de vin que ne le faisait d'ordinaire la même société dans la même salle éclairée au gaz et non ventilée. Il ajouta qu'il avait été surpris de voir des convives qui ne buvaient d'habitude que deux petits verres de vin en, consommer sans hésiter plus d'une demi-bouteille, que d'autres dont l'usage était de boire une demi-bouteille en avaient pris une et demie, et qu'en définitive à la fin du repas il avait été obligé de faire chercher beaucoup plus de voitures pour reconduire les convives chez eux. » Le docteur Reid cite encore à l'appui du même fait que dans certaines manufactures, où les procédés de ventilation avaient été installés, les ouvriers acquirent un tel appétit que le salaire habituel ne suffisait plus à payer leur nourriture. Ceci n'est pas invraisemblable, sauf l'exagération propre à tout inventeur, car la ventilation, en facilitant les fonctions vitales, doit accélérer le travail de l'estomac. Elle exerce aussi sans contredit une influence favorable sur les fonctions de l'intelligence. Faire servir les appareils d'éclairage à la ventilation des appartements, c'est une idée juste qui a un double avantage. Outre qu'on ajoute ainsi à la salubrité des habitations, ce perfectionnement permet d'y introduire le gaz, mode d'éclairage si commode à bien des égards, et qui n'a d'autre défaut que l'odeur et le dépôt noirâtre qui accompagnent les produits de la combustion. Ces inconvénients disparaissent d'ailleurs dès que la flamme est surmontée d'une petite cheminée d'appel qui donne issue à l'air vicié de l'appartement. Les restaurants, les magasins et les cafés qui emploient un grand nombre de becs de gaz trouveraient là un moyen d'assainissement d'une efficacité certaine. Si l'on trouve, en Angleterre ces principes appliqués dans quelques maisons particulières, cependant c'est plutôt dans les édifices publics qu'il convient de chercher des modèles à suivre, entre autres dans les bâtiments affectés au casernement de l'armée, qui furent, il y a moins de dix ans, l'objet de mesures d'assainissement bien combinées. En 1857, l'opinion publique s'inquiéta de la mortalité excessive qui frappait les soldats de l'armée anglaise cantonnés à l'intérieur du Royaume-Uni. La statistique indiquait 17,5 décès annuels sur 1,000 hommes, tandis que la population mâle du même âge ne fournissait, prise en masse, que 9,2 décès. M. le général Morin établit, d'après des documents authentiques, que dans l'armée française la mortalité s'élève à 11,9 décès par 1,000 hommes et par année en temps de paix. Il était donc naturel que l'on se préoccupât, en Angleterre d'améliorer le régime sanitaire des casernes. lie ministre de la guerre, lord Panmure, institua une commission pour examiner et améliorer, autant qu'il serait jugé nécessaire, les casernes et les hôpitaux militaires du royaume. Par un remarquable exemple de simplification administrative, cette commission était autorisée à ordonner l'exécution immédiate de tous les travaux dont la nécessité lui serait démontrée, et dont la dépense ne dépasserait pas la somme relativement considérable de 2,500 livres sterl. par chaque caserne ou hôpital. Le rapport constata que le plus grand nombre des casernes occupées par les soldats laissaient à désirer au point de vue de l'aération. Les Anglais manifestent une préférence très marquée pour le chauffage à foyer découvert, c'est-à-dire qu'ils préfèrent en toute circonstance les cheminées aux poêles. Le bas prix du combustible minéral dans leur pays fait que le côté économique de la question y a moins d'importance qu'en France. Il semblerait alors que leurs habitations, chauffées par des cheminées, sont très bien ventilées et par conséquent très saines ; mais après examen on a reconnu qu'il n'en était pas ainsi. Lorsqu'une pièce est habitée d'une façon permanente par plusieurs individus, ce qui est le cas des chambres des casernes, l'appel d'air qu'exerce le tuyau de fumée ne profite qu'aux personnes placées entre la porte et la cheminée. L'air reste stagnant dans les autres parties de l'appartement, et par conséquent se vicie en peu de temps. Le premier soin de la commission anglaise fut de faire établir dans chaque chambre des ventilateurs automatiques placés de telle sorte que l'air fût toujours en mouvement dans toute l'étendue de la pièce. Des améliorations de détail furent introduites aussi dans la construction des cheminées, tant pour en accroître l'effet calorifique que pour les faire concourir à la ventilation avec plus d'énergie ; mais en somme la commission, après avoir modifié autant qu'il dépendait d'elle l'état sanitaire des locaux consacrés à l'habitation du soldat, déclarait franchement que tout système de ventilation exige une surveillance continuelle, et que, faute d'un entretien convenable, les appareils qu'elle avait pris soin d'installer n'auraient plus bientôt aucune utilité.

Ainsi, l'on en arrive toujours à cette conclusion, que tout homme qui veut vivre dans un milieu salubre doit veiller lui-même à l'aérage des pièces qu'il habite. D'après ce qui précède, on aura compris que la question est sans importance pour ceux qui ont le bonheur d'occuper un vaste appartement. Ces privilégiés de la fortune sont en nombre bien restreint dans nos grandes villes. Quiconque est confiné une partie du jour dans une pièce étroite ou pratique plus ou moins la vie commune ne saurait avoir un souci plus grave pour sa santé que de s'assurer en toute saison une suffis-santé quantité d'air pur. C'est un besoin qu'il est bien facile aujourd'hui de satisfaire dans tous les lieux publics, grâce aux recherches et aux études de quelques savants. Il est assez démontré que le chauffage, loin de vicier l'atmosphère, comme cela arrive trop souvent, doit concourir avec énergie à en rendre la salubrité plus complète. Peu à peu le public deviendra sans doute plus exigeant sous ce rapport, et ne tolérera plus dans les théâtres et les salles de réunion l'air impur et méphitique dont il supporte aujourd'hui, sans trop s'en rendre compte, l'influence pernicieuse.

S'il a beaucoup été question dans cette étude des procédés propres à réchauffer en hiver l'atmosphère qui nous entoure, nous n'avons pu rien dire de ce qu'il y aurait à faire pour abaisser en été la température souvent excessive qui règne à l'intérieur des habitations de l'homme. C'est qu'en réalité l'homme est mieux armé contre le froid que contré le chaud, et puis on ne lutte avec avantage que contre un ennemi dont on a souvent à repousser les attaques. Sous la latitude du pays que nous habitons, l'hiver, sévit pendant sept mois de l'année ; l'été n'a de chaleurs importunes que pendant quelques jours à peine. Personne n'ignore que les peuples du midi savent mal se défendre contre les températures rigoureuses, mais que par compensation leurs demeures sont disposées d'une façon souvent ingénieuse pour tempérer les rayons brûlants du soleil. Il serait facile, si le besoin s'en faisait sentir, d'introduire dans nos maisons et dans nos mœurs des procédés analogues. La ventilation est encore contre cet autre fléau le vrai remède : comme l'homme de la fable, elle souffle le chaud et le froid ; encore est-elle souvent impuissante. Les autres moyens que la physique suggère, l'évaporation de l'eau, la fonte de la glace, sont trop coûteux ou trop difficiles à mettre en usage. C'est une question qui mériterait de préoccuper les inventeurs, car celui qui découvrirait un réfrigérant simple et efficace, aussi facile à mettre en action qu'un calorifère en hiver, rendrait à tout le monde et surtout aux méridionaux un service signalé.

Les progrès récents de l'industrie du chauffage et de la ventilation démontrent une fois de plus le caractère essentiellement utile de la science moderne. Traduire les recherches théoriques en résultats favorables au bien-être et à l'hygiène des populations est la préoccupation constante de notre époque. Quelque sujet que l'on aborde, on est forcé de reconnaître au temps présent une avance considérable sur le siècle passé. Cet heureux résultat nous laisse parfois quelques regrets. Dans nos appartements, maintenus en hiver à une température douce et clémente par des appareils perfectionnés, on se prend à regretter la haute et vaste cheminée des anciens temps, dont le feu clair et le manteau hospitalier avaient bien des charmes ; mais la houille se substitue au bois, comme la vapeur motrice au bras de l'homme, la photographie au dessin, et les cultures artificielles aux produits spontanés de la nature. Ceux même qui gémissent le plus des inventions modernes ne sont pas les derniers à en profiter.

www.ingramcontent.com/pod-product-compliance
Lightning Source LLC
Chambersburg PA
CBHW050253230526
45470CB00005B/2251